BEI GRIN MACHT SICH IHR WISSEN BEZAHLT

- Wir veröffentlichen Ihre Hausarbeit, Bachelor- und Masterarbeit

- Ihr eigenes eBook und Buch - weltweit in allen wichtigen Shops

- Verdienen Sie an jedem Verkauf

Jetzt bei www.GRIN.com hochladen und kostenlos publizieren

Steffi Gensel

Cronobacter Testreihe - Ein Vergleich unterschiedlicher Nachweismethoden für Cronobacter sakazakii in einem Mittelständischen Unternehmen

GRIN Verlag

Impressum:

Copyright © 2011 GRIN Verlag, Open Publishing GmbH
Druck und Bindung: Books on Demand GmbH, Norderstedt Germany
ISBN: 978-3-640-82443-4

GRIN - Your knowledge has value

Der GRIN Verlag publiziert seit 1998 wissenschaftliche Arbeiten von Studenten, Hochschullehrern und anderen Akademikern als eBook und gedrucktes Buch. Die Verlagswebsite www.grin.com ist die ideale Plattform zur Veröffentlichung von Hausarbeiten, Abschlussarbeiten, wissenschaftlichen Aufsätzen, Dissertationen und Fachbüchern.

Besuchen Sie uns im Internet:

http://www.grin.com/

http://www.facebook.com/grincom

http://www.twitter.com/grin_com

Cronobacter

Testreihe

Ein Vergleich unterschiedlicher Nachweismethoden für Cronobacter sakazakii in einem Mittelständischen Unternehmen

Steffi Gensel

9. Februar 2011

I Inhaltsverzeichnis

II Abkürzungsverzeichnis

BIB   – Bag in Box

bzw.   – beziehungsweise

d.h.   – das heißt

DFI   – Brilliance Enterobacter sakazakii Agar

EP   – Eazy Pack

ESIA – Enterobacter sakazakii isolation chromogenic Agar

evtl.   – eventuell

mLST – modified Laurylsulfate-Tryptose-Vancomycin

MPN – most propable Number

SP   – Supply Point

z.B.   – zum Beispiel

III Abbildungsverzeichnis

IV Tabellenverzeichnis

1 Einleitung

Hintergrund dieser Ausarbeitung ist die Untersuchung von *Cronobacter sakazakii*, auch bekannt als *Enterobacter sakazakii*, mittels drei unterschiedlicher Selektionsmethoden. Anlass dieser Untersuchung ist der Umstand, dass sich nach einer Methodenumstellung im Labor die ermittelten Werte subjektiv verbessert haben. Dementsprechend werden die nicht mehr verwendete sowie die neu eingeführte Methode Teil der untersuchten Selektionsmethoden sein. Die dritte Selektionsmethode wird zur Vervollständigung, der Untersuchung aller im Labor derzeit möglichen Methoden, hinzugefügt.

Ziel dieser Analyse ist es zu ermitteln, welche dieser Methoden am geeignetsten ist um *Cronobacter sakazakii* nachzuweisen.

Zunächst wird ein theoretischer Überblick über alle relevanten Themen, die diese Thematik betreffen, geliefert. Dieser wird jedoch kurz gehalten, da davon ausgegangen wird, dass die Leser dieser Untersuchung einen entsprechend fachlichen Hintergrund besitzen.

Des Weiteren werden die verwendeten Methoden näher beleuchtet um ein Verständnis für die Problemstellung zu ermöglichen. Dabei werden die einzelnen Methoden nach ihrer Erläuterung mit Variablen codiert, um das Risiko von Verwechslungen zu reduzieren. Diese Codierung wird im Laufe der Arbeit beibehalten und ebenfalls, auf den im Anhang befindlichen, Ergebnisformularen übernommen.

Die gewonnenen Ergebnisse werden kritisch betrachtet und wenn nötig sinnvoll durch statistische Untersuchungen belegt.

Während des Bearbeitungszeitraumes kam es zu Lieferengpässen der ESIA-Platten. Aus diesem Grund wird zeitweise DFI-AGAR verwendet. Dies stellt jedoch kein Problem dar, da DFI ebenfalls der Selektion von *Cronobacter sakazakii* dient. Jedoch wird in dieser Ausarbeitung nur wenig Rücksicht auf diesen Umstand gelegt d.h. dass sämtliche Erläuterungen mit ESIA erfolgen und DFI dazu analog erfolgt.

Um dem Leser die Verständlichkeit und den Zusammenhang zu einzelnen Elementen dieser Ausarbeitung zu erleichtern, werden Informationen durch, zum Teil selbst angefertigte Tabellen, Abbildungen und Fließschemata, leicht verständlich und visuell schnell auffassbar dargestellt.

2 Theoretischer Hintergrund

2.1 *Cronobacter sakazakii*

Im Mittelpunkt dieser Ausarbeitung steht der Mikroorganismus *Cronobacter sakazakii*, welcher auch als *Enterobacter sakazakii* bekannt ist.

Dabei handelt es sich um ein bewegliches, Gram-negatives, Stäbchenförmiges Bakterium (LEDOCHOWSKI, M.; 2009; Seite 361). Dieses ist besonders resistent, da es bei Temperaturen bis zu 47°C noch Wachstum aufzeigt (ARBEITSGEMEINSCHAFT TRINKWASSERTALSPERREN E.V.; 2005; Seite 59). Ein weiteres charakteristisches Merkmal von *Cronobacter sakazakii* ist die alpha-Glucosidase-Aktivität (MUYTJENS et. al.; 1984; Seite 20, 684 ff.), welche in einer Studie bei 53 von 57 getesteten Stämmen nachgewiesen wurde (FARMER et. al.; 1985; Seite 21, 46-76).

Cronobacter sakazakii ist bekannt dafür, dass es bei Säuglingen zu Sepsis, Meningitis, Gehirnabszessen, Hydrozephalus und nekrotisierender Enterokolitis führen kann (LEDOCHOWSKI, M.; 2009; Seite 361).

Als Infektionsquellen werden Säuglingsnahrung, insbesondere Trockenmilchprodukte, aufgeführt (LEDOCHOWSKI, M.; 2009; Seite 361 und Unbekannt1; 2005; Seite 35).

2.2 *Verwendete Nähr- und Selektivmedien*

2.2.1 Flüssigmedien

Gepuffertes Peptonwasser zählt zu den nichtselektiven Nährmedien und wird zur Voranreicherung von Bakterien, bevorzugt *Enterobacteriaceae* verwendet. Es rekultiviert bereits subletal vorgeschädigte Keime, d.h. Keime, die durch

Produktionsprozesse fast abgetötet wurden (BUSCH, U.; 2010; Seite 8 und DUDEN; 2009a).

Das weiterhin verwendete modifizierte Laurylsulfat-Tryptose-Vancomycin-Nährmedium (mLST) wird zur Selektivierung von Proben nach *Enterobacteriaceae* eingesetzt. Dabei hemmt das enthaltene Natriumlaurylsulfat die, nicht zu den *Enterobacteriaceae* gehörende, unerwünschte Begleitflora. (BARTEL, B. und MALCZAN, M.; 2003; Seite 335).

Das in den mLST-Röhrchen ebenfalls enthaltene Antibiotika Vancomycin sorgt dafür, dass Gram-positive Keime in ihrem Wachstum gehemmt werden. Dazu verhindert es die Zellwandsynthese bei sich teilenden Bakterien, sowie die Polymerisation von UDP-N-Acetylmuramyl-Pentapeptid und N-Acetylglukosamin zu Peptidoglykan (auch Murein genannt). Dies hat keine Auswirkungen auf Gram-negative Keime, da Vancomycin aufgrund seiner Molekülgröße nicht durch die äußere Membran dieser gelangen kann (siehe dazu Abbildung 1) (ADAM et.al; 2003, Seite 143).

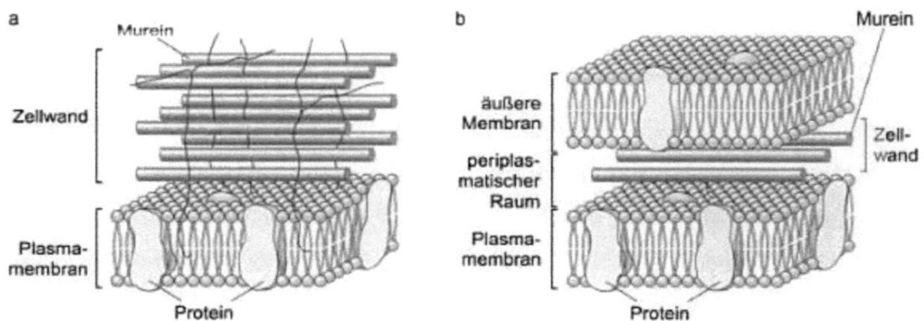

Abbildung 1:Darstellung vom allgemeinen Aufbau von (a) Gram-positiver und (b) Gram-negativer Bakterien (Quelle: WENISCH, T.; 2009; Seite 375).

2.2.2 Festmedien

Als Selektionsmedium für *Cronobacter sakazakii* werden chromogene Nachweismedien, die auf einer α-Glucosidase-Reaktion beruhen, bevorzugt zum Einsatz gebracht. Die in dieser Testreihe verwendeten ESIA- und DFI-Agar zeichnen sich durch eine charakteristische Farbgebung aus. Hierbei wird durch die α-Glucosidase-Reaktion ein Farbstoff freigesetzt, der die typische

Blaufärbung der Kolonien hervorruft (IVERSEN et.al; 2004; Seite 96, 133ff.). Aufgrund der Tatsache, dass auch andere *Enterobacteriaceae* eine geringe α-Glucosidase-Aktivität aufweisen können, kann es zu falsch positiven Ergebnissen führen. Diese können beispielsweise durch *Escherichia vulneris, Pantoea* spp., *Citrobacter koseri, Leclercia adecarboxylata* und *Proteus vulgaris* ausgelöst werden (IVERSEN et.al; 2004; Seite 96, 133ff.)

2.2.3 Biochemische Identifikationsmittel

Um eine eindeutige Identifikation der Kolonien zu erhalten, werden biochemische Identifikationssysteme wie z.B. api 20E oder api ID 32 E verwendet. Diese basieren auf miniaturisierten biochemischen Reaktionen und einer damit verbundenen Datenbasis. Die Stoffwechselvorgänge, die während einer Inkubation erfolgen lösen einen Farbumschlag aus. Diese können sofort oder erst nach Zugabe von Reagenzien erfolgen. Der Teststreifen kann manuell oder automatisiert abgelesen und interpretiert werden (BIOMÉRIEUX SA; 2009a und 2009b).

2.3 *Grundgedanke von Hygiene-Zonen*

Hygiene Zonen dienen der Trennung von nicht zu vereinbarenden Tätigkeiten z.B. Produktion und Warenannahme (vgl. KELLER, M.; 1994; Kapitel 5.1; Seite 4). Darüber hinaus geben sie Auskunft in welchen Bereichen der Herstellungsprozess und das jeweilige Produkt besonders vor Verunreinigungen geschützt werden müssen (vgl. REVERMANN, M.; 2003; Seite 47).

Damit sind sie jedoch nicht gleichzusetzen mit besonders reinen Zonen. Sie fungieren vielmehr als Einteilung eines Betriebes in unterschiedliche Reinheits-(Hygiene)anforderungen und den damit verbundenen technischen Vorraussetzungen und Anforderungen (vgl. GENGENBACH, R; 2008; Seite 118).

Besondere Anforderungen bestehen beispielsweise darin, dass der Zugang zwischen den Zonen z.B. durch eingeschränkt farblich differenzierte Hygienekleidung ist. Zu dem sollten alle Produktions- und Eingangsbereiche optisch auf getroffene Maßnahmen (z.B. entsprechende Hygienekleidung) hinweisen. Auch externe Mitarbeiter (z.B. Handwerker) müssen sich an diese Maßnahmen halten und sollten durch einen Verantwortlichen begleitet oder eingewiesen werden (vgl. KELLER, M.; 1994; Kapitel 5.1; Seite 5).

2.4 Reinigungsverfahren

Generell wird in den High Care Bereichen in denen Proben gezogen werden Trockenreinigung durchgeführt. Dies beinhaltet die meist manuell durchgeführte Reinigung durch z.B. kehren, fegen, abwischen, abbürsten oder saugen (HENSGEN, M.; 2004; Seite 81). In diesem Fall werden die entsprechenden High Care Bereiche durch spezielle Industriestaubsauger gereinigt. Diese Reinigung sollte wenn möglich täglich erfolgen. Zusätzlich wird mit Hilfe eines Reinigungsgerätes, welches die Flüssigkeiten umgehend wieder aufsaugt, wöchentlich eine Nassreinigung durchgeführt.

3 Methodik

3.1 Probenahmestellen und Vorgehensweise während der Probennahme

Um den Arbeitsaufwand einzugrenzen wurden lediglich acht Probenahmestellen von der üblichen Betriebskontrolle für diese Testreihe übernommen. Diese liegen komplett im High Care Bereich und sind auf drei Etagen verteilt.

Da die Proben an aufeinander folgenden Tagen gezogen werden, ist es wichtig zu beachten, dass die Proben von unterschiedlichen Stellen um die Maschinen bzw. der Probenahmestellen herum gezogen werden. Denn infolgedessen, dass durch die Verwendung von Nährlösungen das Wachstum der vorhandenen Mikroorganismen begünstigt wird, ist es nötig die betroffenen Stellen nach jeder Probennahme ausgiebig zu desinfizieren. Demzufolge würde eine erneute Probenahme von der selbigen Stelle zu einem verfälschten Ergebnis führen.

3.1.1 Sponges

Als Sponges werden sterile Schwämmchen bezeichnet, die, einzeln aufbewahrt in Bechern, in einer neutralen Lösung getränkt sind. Ebenfalls in einem Becher enthalten ist ein Einweg Handschuh, welcher zur Probennahme verwendet wird um eventuelle Kontamination durch die Hautoberfläche zu vermeiden.

Der Sponge wird über eine ca. 1 m^2 große Fläche gerieben, wobei dieser erst horizontal und anschließend vertikal über den Boden geführt wird. Darauf folgend wird diese Prozedur mit der anderen Schwammseite wiederholt.

Die Größe der Bodenfläche wird hierbei subjektiv eingeschätzt und muss keiner quadratischen Form entsprechen.

3.1.2 Swabs

Bei Swabs handelt es sich im Wesentlichen um sterile Wattestäbchen, die in einem Gefäß als
Verschluss integriert sind.

Im Rahmen dieser Versuchsreihe wird die Verwendung von trockenen und nassen bzw. feuchten Swabs unterschieden. Die nassen Swabs werden mittels steriler Ringerlösung, welche in einem sterilen Becher mitgeführt wird, unmittelbar vor der Probennahme angefeuchtet.

Die Swabs werden ähnlich wie die Sponges über eine ca. 1 m^2 große Bodenfläche gerieben. Jedoch muss beachtet werden, dass diese zusätzlich in der Hand gedreht werden müssen um den kompletten Umfang des Wattestäbchens nutzen zu können.

3.2 Selektionsmethoden

3.2.1 Sponges

Wie in Abbildung 2 zu sehen ist, werden die Sponges mit drei unterschiedlichen Methoden untersucht. Dazu ist es nötig, dass jede Probenahmestelle doppelt gezogen wird. Acht von den 16 Sponge-Proben werden mit gepuffertem Peptonwasser aufgeschüttet, während die übrigen mit einem Peptonwasser-Supplement-Gemisch im Verhältnis 1:1000 ml aufgeschüttet werden. Hierbei erfolgt eine erste Selektivierung nach *Cronobacter sakazakii* durch das Supplement. Einfachheitshalber werden diese als Proben „A" betitelt.

Nach einer Bebrütung bei 37°C über eine Dauer von 20 stunden werden die Proben weiterverarbeitet.

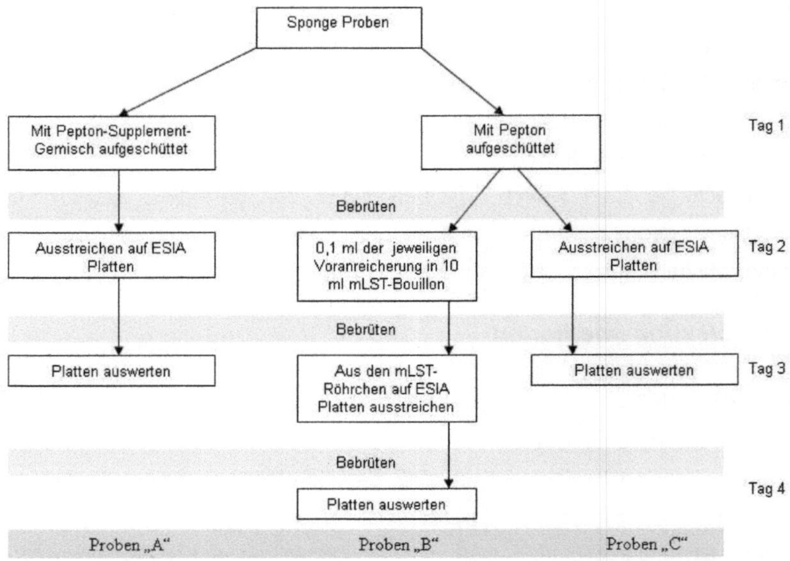

Abbildung 2:Schematischer Überblick über die Auswertemethoden der Sponge Proben

Wie in Abbildung 2 zu erkennen ist, werden die Proben „A" mittels steriler Impfösen auf ESIA Platten übertragen, welche als weitere Selektivmedien gelten.

Im Gegensatz dazu werden die Proben, die mit einfachem Peptonwasser aufgeschüttet werden, auf zwei unterschiedliche Weisen weiter verarbeitet.

Abbildung 2 zeigt, dass diese zum einen zur Überimpfung von 10 ml mLST-Röhrchen dienen und zum anderen ebenfalls direkt auf ESIA Platten ausgestrichen werden. Diese werden hier als Proben „B" und „C" bezeichnet.

Die überimpften 10 ml mLST-Röhrchen werden 41,5°C 23 Stunden bebrütet. Das Probenmaterial aus den Röhrchen wird nach dem Ablauf der Inkubationszeit direkt auf ESIA Platten ausgestrichen. Die Proben „B" werden demnach durch die selektive Wirkung der mLST-Bouillon, sowie des ESIA-Agars beeinflusst, während die Proben „C" lediglich durch den ESIA-Agar selektioniert werden.

Nach dem Ablauf der Inkubationszeit von 23 Stunden bei 41,5°C können die ESIA Platten ausgewertet werden (analog dazu DFI -> 37 °C, 23 Stunden).

Somit ergibt sich eine vom Tag der Probennahme bis zum Tag der Ergebnisauswertung eine Gesamtbearbeitungszeit von bis zu drei Tagen für die Proben „A" und „C", bzw. vier Tagen für die Probenreihe „B". Insgesamt liegen durch die Sponge Proben 24 ESIA Platten zur Auswertung bereit.

Die Selektionsmethode „A" entspricht hierbei der bereits erwähnten neu eingeführten Methode, während die Methode „B" ihr Vorgänger ist.

3.2.2 Swabs

Bei jeden Probenahmen werden 16 Swabs gezogen. Wie bereits erwähnt werden acht trockene und acht nasse Swabs verwendet. Diese werden jeweils auf zwei Arten untersucht, sodass insgesamt 32 Ergebnisse nach jeder Probenahme vorliegen. Wie in Abbildung 3 zu erkennen ist, entsprechen diese Methoden denen der Probengruppen „B" und „C" (siehe dazu 3.1.1 Sponges).

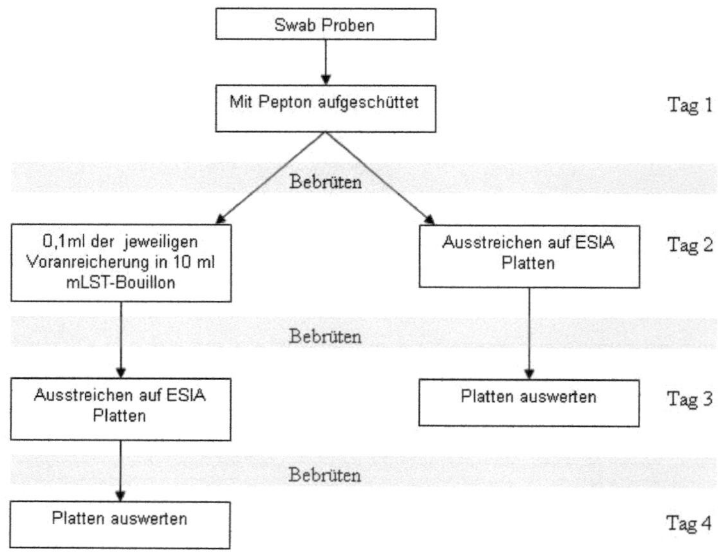

Abbildung 3: Schematischer Überblick über die Selektionsmethoden der Swab Proben allgemein

Um die Probengruppen besser auseinander halten zu können werden die Swab Proben ebenfalls als Variablen bezeichnet. Genaueres ist der Tabelle 1 zu entnehmen.

Tabelle 1: Übersicht über die für diese Ausarbeitung verwendeten Variablen der Probengruppen

Selektiv behandelt durch			Variabel
Sponge		Supplement; ESIA bzw. DFI	„A"
		mLST-Bouillon; ESIA bzw. DFI	„B"
		ESIA bzw. DFI	„C"
Swab	*nass*	ESIA bzw. DFI	„D"
		mLST-Bouillon; ESIA bzw. DFI	„D-LST"
	trocken	ESIA bzw. DFI	„E"
		mLST-Bouillon; ESIA bzw. DFI	„E-LST"

4 Ergebnisse und Auswertung

In dieser Testreihe steht die Untersuchung vom *Cronobacter sakazakii* im Vordergrund. Hierzu werden die Laborinternen Richtlinien verwendet. Dies bedeutet, dass eine Probe als positiv gewertet wird, sobald *Cronobacter sakazakii* mit einer Wahrscheinlichkeit von $\geq$ 50% und einem T-Wert von $\geq$ 0,5 nachgewiesen wird. Zu dem werden die Form, Farbe, Konsistenz usw. der Kolonien verglichen, sodass man optisch identische Kolonien gleich werten kann. Das bedeutet, dass bei unterschiedlichen Proben mit optisch identisch gewachsenen Kolonien lediglich ein biochemischer Nachweis erfolgt und das Ergebnis dieser für beide gewertet wird.

Die Ergebnisse der Auswertung werden in eine Excel Datei eingetragen. Die Auswertung bringt ebenfalls mit sich, ob und wie viele Isolationen von Kolonien vorgenommen werden müssen um eine Reinkultur zu gewinnen. Diese werden unter der Sterilarbeitsbank vorgenommen und erfolgen gleichfalls auf ESIA Platten.

Die Gewinnung von Reinkulturen ist von Bedeutung, da diese benötigt werden um eine genaue Biochemische Identifikation der verdächtigen Kolonien mittels api 20 E bzw. api ID 32 E zu ermöglichen.

Wie in Tabelle 2 zu sehen ist wurden 56 Sponges, sowie 48 Swabs je Selektionsmethode ausgewertet.

Tabelle 2: Überblick über die ermittelten Ergebnisse

	"A"	"B"	"C"	"D"	"D LST"	"E"	"E LST"
positive Proben:	24	20	22	4	3	2	6
negative Proben:	32	36	34	44	45	46	42
Proben insgesamt:	56	56	56	48	48	48	48
%satz positive	42,86	35,71	39,29	8,33	6,25	4,17	12,5
%satz negative	57,14	64,29	60,71	91,67	93,75	95,83	87,5

Vergleicht man die Werte der Tabelle 2 miteinander (visuell durch Abbildung 4,Abbildung 5 und Abbildung 6 dargestellt) wird deutlich, dass die Ergebnisse zwischen den Sponge Proben sich im Wesentlichen nicht unterscheiden. So liegt die Anzahl der positiven Proben in einem Bereich von 22 ± 2 bzw. die Anzahl der negativen Proben im Bereich von 34 ± 2.

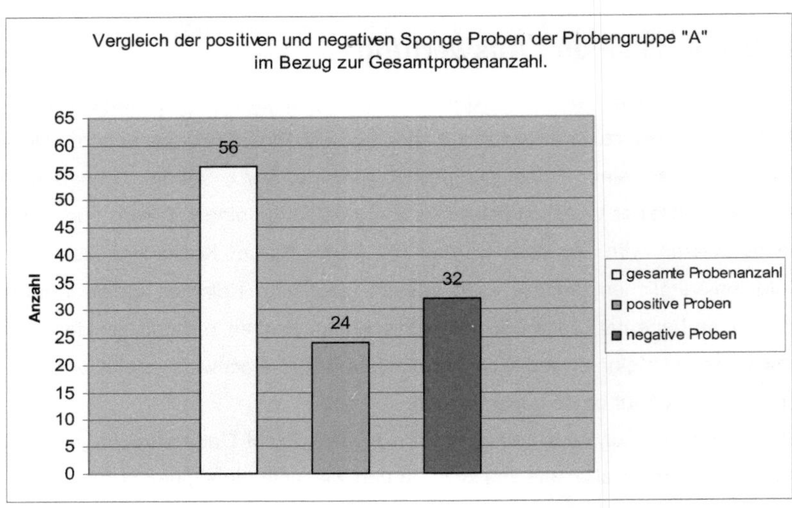

Abbildung 4:Vergleich der positiven und negativen Sponge Proben der Probengruppe "A" im Bezug zur Gesamtprobenanzahl.

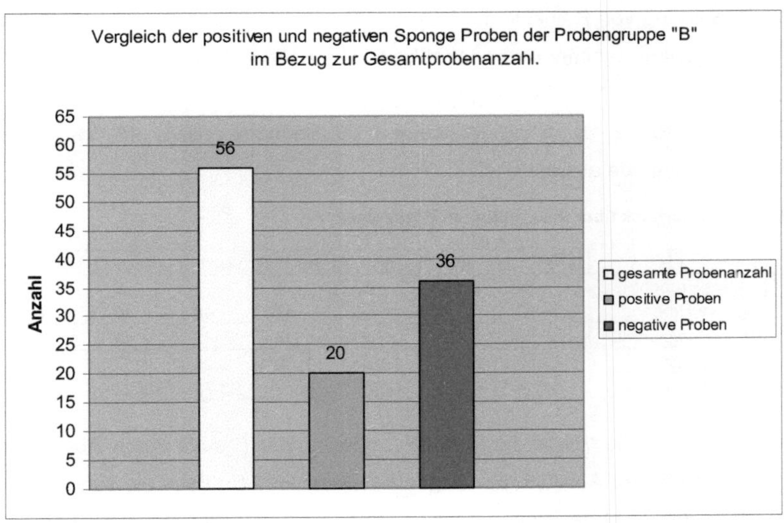

Abbildung 5:Vergleich der positiven und negativen Sponge Proben der Probengruppe "B" im Bezug zur Gesamtprobenanzahl.

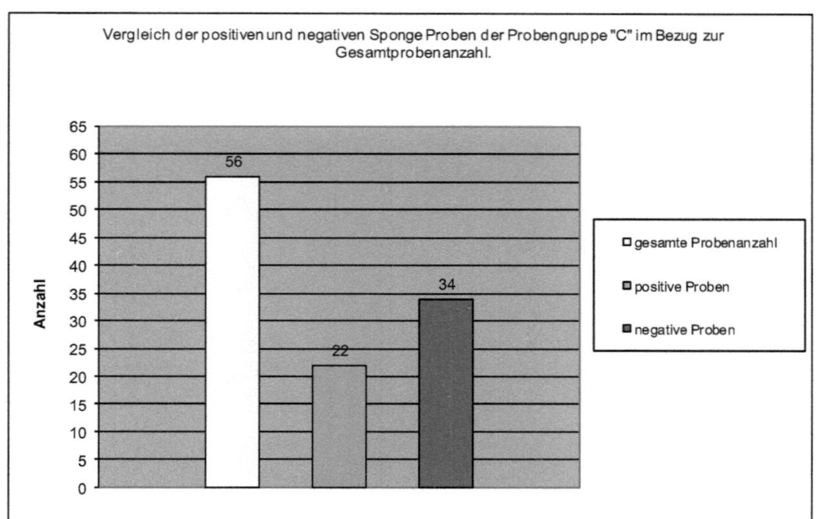

Abbildung 6: Vergleich der positiven und negativen Sponge Proben der Probengruppe "C" im Bezug zur Gesamtprobenanzahl.

Ebenso der prozentuale Vergleich (siehe dazu die Abbildung 7 bis Abbildung 9) zwischen den drei Methoden zeigt, dass die Ergebnisse sehr ähnlich sind. So schwanken diese in etwa um 39,2% ± 3,6%.

Aufgrund der Ähnlichkeit der Ergebnisse kann man vermuten, dass kein Unterschied zwischen den Selektionsmethoden besteht. Aus dieser Tatsache heraus wird kein statistischer Test durchgeführt.

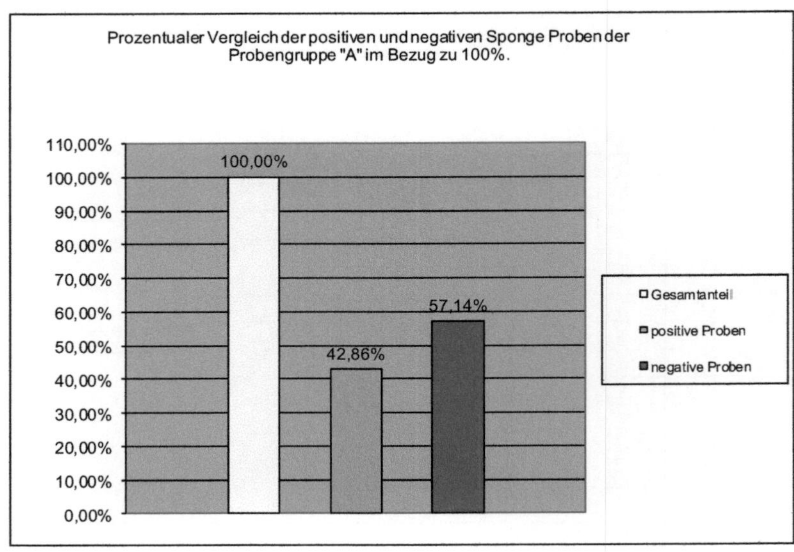

Abbildung 7:Prozentualer Vergleich der positiven und negativen Sponge Proben der Probengruppe "A" im Bezug zu 100%.

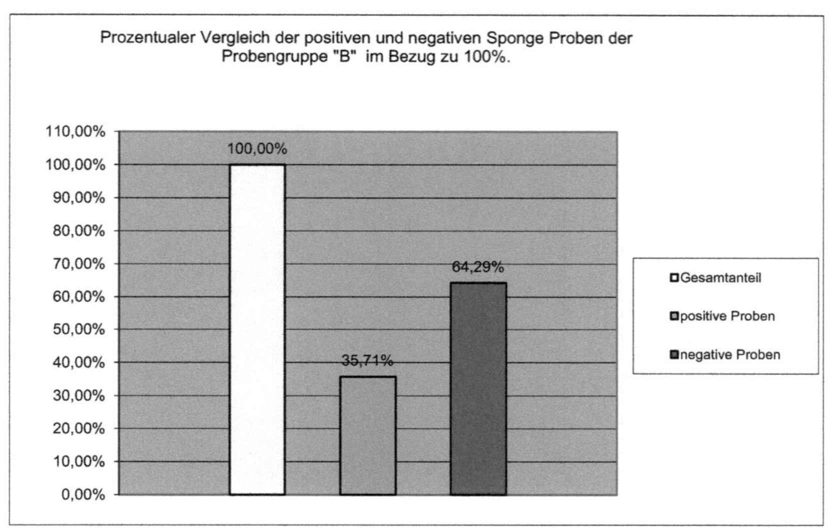

Abbildung 8:Prozentualer Vergleich der positiven und negativen Sponge Proben der Probengruppe "B" im Bezug zu 100%.

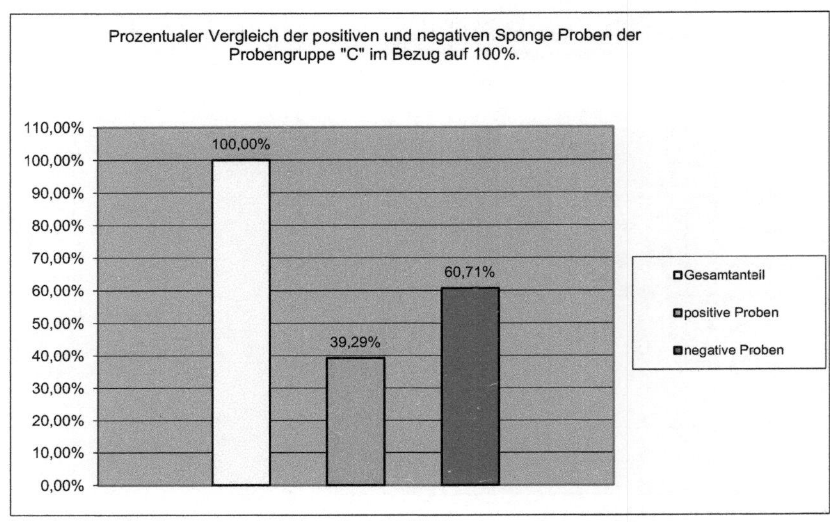

Abbildung 9:Prozentualer Vergleich der positiven und negativen Sponge Proben der Probengruppe "C" im Bezug zu 100%.

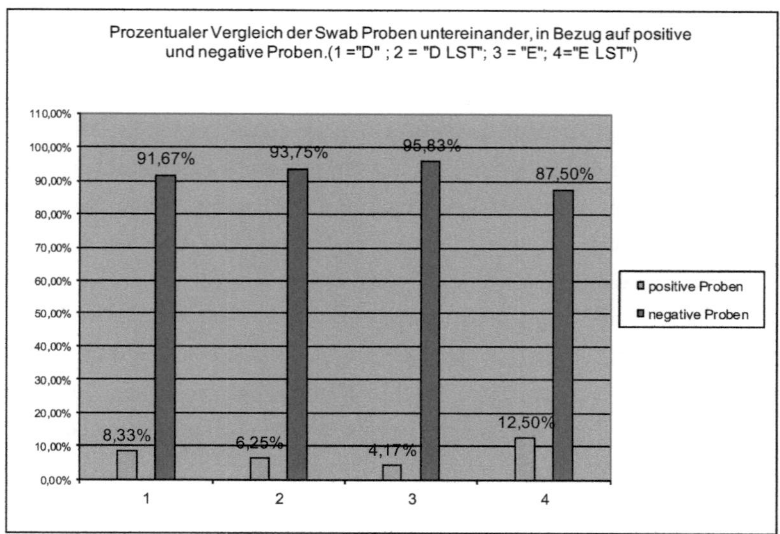

Abbildung 10: Prozentualer Vergleich der Swab Proben untereinander, in Bezug auf positive und negative Proben.(1 ="D" ; 2 = "D LST"; 3 = "E"; 4="E LST")

Wie in Abbildung 10 zu sehen, ähneln sich die Ergebnisse der Swabs unabhängig von der Nachweismethode. D.h. es ist kein wesentlicher Unterschied zwischen trockenen und nassen Swabs bzw. zwischen LST und ohne zu erkennen. Die vorhandenen Abweichungen können höchstwahrscheinlich dem Zufall zugeschrieben werden. Zu dem kann man, wenn man diese Abbildung mit den vorherigen vergleicht, deutlich erkennen, dass die Swabs definitiv schlechter abschneiden als die Sponges. Auch hier erscheint es wenig sinnvoll einen statistischen Test durchzuführen.

5 Fazit

Ziel dieser Ausarbeitung ist es zu untersuchen, welche der verwendeten Selektionsmethoden *Cronobacter sakazakii* am geeignetsten nachweisen kann.

Aufgrund der Ergebnisse (siehe dazu 4. Ergebnisse und Auswertung) kann vermutet werden, dass keine Unterschiede zwischen den einzelnen Selektionsmethoden bestehen. Dies wird insbesondere bei den Sponges deutlich. Die Abweichungen von ± 2 Proben bei diesen Proben (sowohl negativ als auch positiv) kann man höchstwahrscheinlich dem Zufall zuschreiben.

Im Gegensatz dazu ist es möglich zu sagen, dass die Probenahme durch Swabs eindeutig wenig Sinn macht. Denn diese erreichen nicht im Entferntesten die Werte der Sponges, was sicherlich auch auf die jeweils dafür bestimmten Anwendungsgebiete zurück zu führen ist.

Demnach wäre das subjektive Empfinden, dass sich die Werte verbessert hätten nicht der Methodenänderung zuzuschreiben.

Jedoch muss man bedenken, dass durch die Methodik keine 100%ig gleichen Ausgangsbedingungen geschafft werden konnten und dadurch evtl. Einflüsse die Ergebnisse verfälschen könnten.

Aufgrund der Erkenntnis, dass die Selektionsmethoden sich im Wesentlichen nicht unterscheiden, könnten Überlegungen geführt werden die Verwendung von mLST auch außerhalb der Bodenproben zu minimieren und die Proben lediglich mittels ESIA Agar zu selektieren. Dadurch wäre es möglich Bearbeitungszeit und Materialkosten zu reduzieren.

Im Allgemeinen ist es immer ratsam solche Testreihen in größeren Maßstäben durchzuführen, ob dies jedoch sinnvoll wäre im Hinblick auf die Bedeutung dieser Testreihe ist fragwürdig.

V Literaturverzeichnis

V.I Bücher

ADAM, D.; DOERR, H.W. und LINK, H. (2003): Die Infektiologie. Springer Verlag, Heidelberg, Seite 143.

ARBEITSGEMEINSCHAFT TRINKWASSERTALSPERREN E.V. (2005): Coliformen-Befunde gemäss Trinkwasserverordnung 2001, Bewertung und Massnahmen; Workshop mit Erfahrungsaustausch. Oldenbourg Industrieverlag, Seite 59.

BARTEL, B. und MALCZAN, M. (2003): Milchwirtschaftliche Mikrobiologie. Behr's Verlag, Hamburg, Seite 335.

BIOMÉRIUX SA (2009a): Bedienungsanleitung, Einführung und Testerklärung api 20E. bioMérieux, Marcy-l'Etoile, Seite Deutsch-1.

BIOMÉRIUX SA (2009b): Bedienungsanleitung, Einführung und Testerklärung api ID 32E. bioMérieux, Marcy-l'Etoile, Seite Deutsch-1.

BUSCH, ULLRICH (2010): Molekularbiologische Methoden in der Lebensmittelanalytik. Springer Verlag, Heidelberg, Seite 8.

FARMER, J.J.; DAVIS, B.R. und HICKMAN-BRENNER, F.W. (1985): Biochemical identification of new species and biogroups of *Enterobacteriaceae* isolated from clinical specimens. J. Clin. Microbiol., Seite 21, 46-76.

GENGENBACH, RALF (2008): GMP-qualifizierung und Validierung von Wirkstoffanlagen, Ein Leitfaden für die Praxis. WILEY-VCH Verlag, Weinheim, Seite 118.

HENSGEN, MARKUS (2004): HACCP in der Fleischverarbeitung, Ein Leitfaden für die praktische Umsetzung. Behr's Verlag, hamburg, Seite 81.

IVERSEN, C.; DRUGGAN, P. und FORSYTHE, S.J. (2004 a): A selective differential medium for *Enterobacter sakazakii*, a preliminary study. Int. J. Food Microbiol, Seite 96, 133 ff..

KELLER, MATTHIAS (1994): Handbuch Fisch, Krebs- und Kleintiere. Behr's Verlag, Hamburg, Kapitel 5.1, Seite 4 und 5.

LEDOCHOWSKI, MAXIMILIAN (2009): Klinische Ernährungsmedizin. Springer Verlag, Heidelberg, Seite 361.

MUYTJENS, H.L.; VAN DER ROS-VAN DE REPE, J. und VAN DRUTEN, H. A. M. (1984): Enzymatic profiles of *Enterobacter sakazakii* and related species with spezial reference to the alpha-glucosidase reaction and reproducibility of the test system. J. Clin. Microbiol., Seite 20, 684-686.

REVERMANN, MARIA (2003): Lebensmittel- und Infektionshygiene. Behr's Verlag, Hamburg, Seite 47.

SCHWEITZER, UDO (2007): Statistik mit Microsoft Excel. W3l GmbH, Seite 204.

Unbekannt1 (2005): Handbuch Milch. Behr's Verlag, Hamburg, Seite 34.

WENISCH, T. (2009): Kurzlehrbuch Physik, Chemie, Biologie. Elsevier,Urban&FisherVerlag, Seite 375.

V.II Internetseiten

Autor(Stand): DUDEN (2009a)

Adresse: http://www.duden.de/definition/subletal

Abrufdatum: 02.11.2010; 8:00 Uhr

VI Anhänge

VI.I Ergebnisformulare

Ergebnisformular für Nummer 1 bis 24

Datum	Bemerkungen Sponges			Bemerkungen Swobs			
	"A"	"B"	"C"	"D"	"D LST"	"E"	"E LST"
21.9	neg.	neg.	neg.				
21.9	S2	siehe S11	S11				
21.9	neg.	neg.	S13				
21.9	S3, S3/2	neg.	neg.				
21.9	S12	siehe S5	S5, S5/2				
21.9	S4	siehe S4	S6				
21.9	neg.	S1	siehe S1				
21.9	S10	siehe S7	S7				
22.9	S18	neg.	neg.	neg.	neg.	neg.	neg.
22.9	S19	S34	siehe S34	neg.	neg.	neg.	neg.
22.9	neg.	neg.	S17	neg.	neg.	neg.	neg.
22.9	S21	S20	siehe S20	neg.	neg.	neg.	neg.
22.9	S15	siehe S15	S16,S16/2	neg.	neg.	neg.	neg.
22.9	neg.	S35	siehe S35	S22	S23	S24	siehe S22
22.9	S26	neg.	S25	neg.	neg.	neg.	neg.
22.9	S14	S27	siehe S27	S8	siehe S9	S9	S28,S28/2
23.9	neg.	neg.	neg.	neg.	neg.	neg.	neg.
23.9	S36	S42	neg.	neg.	neg.	neg.	neg.
23.9	S37	S43	S29	neg.	neg.	neg.	neg.
23.9	S38	S44	S30	neg.	neg.	neg.	neg.
23.9	siehe S50	S50	siehe S50	S31, S31/2	S39	neg.	neg.
23.9	neg.	S51	S40	neg.	neg.	neg.	neg.
23.9	neg.	neg.	neg.	neg.	neg.	neg.	neg.
23.9	S32	S41	siehe S41	S33	siehe S33	neg.	neg.

positiv

Vermutung auf positiv, da Kolonien optisch identisch

* = Supplement

** = mit steriler Ringerlösung angefeuchtet

*** = in Laurylsulfat Tryptose überimpft

Ergebnisformular für Nummer 25 bis 48

	Bemerkungen Sponges			Bemerkungen Swobs			
Datum	"A"	"B"	"C"	"D"	"D LST"	"E"	"E LST"
27.9	neg.	neg.	neg.	neg.	neg.	neg.	neg.
27.9	sihe S45	S52	S45	neg.	neg.	neg.	neg.
27.9	neg.	neg.	S53	neg.	neg.	neg.	neg.
27.9	S57	neg.	siehe S57	neg.	neg.	neg.	neg.
27.9	S46	S54	siehe S46	siehe S46	neg.	S47	siehe S47
27.9	siehe S48	S58	S48	neg.	neg.	neg.	neg.
27.9	neg.	neg.	neg.	TSA1/neg	neg.	neg.	neg.
27.9	siehe S49	S55	S49	S56	S59	siehe S56	siehe S59
4.10	S61	neg.	neg.	neg.	neg.	neg.	neg.
4.10	S73	neg.	siehe S73	neg.	neg.	neg.	neg.
4.10	neg.	neg.	neg.	neg.	neg.	neg.	neg.
4.10	neg.	neg.	neg.	neg.	neg.	neg.	neg.
4.10	S60	S62	siehe S60	siehe S60	neg.	neg.	neg.
4.10	siehe S59	S74	S59	neg.	neg.	neg.	neg.
4.10	neg.	neg.	neg.	neg.	neg.	neg.	neg.
4.10	siehe S64	S63	TSA2/neg	S64	siehe S63	S65	siehe S63
5.10	neg.	neg.	neg.	neg.	neg.	neg.	neg.
5.10	S66	neg.	S75	neg.	neg.	neg.	neg.
5.10	S67	neg.	neg.	neg.	neg.	neg.	neg.
5.10	S76	neg.	neg.	neg.	neg.	S68	neg.
5.10	S79	S77	S78	neg.	neg.	neg.	neg.
5.10	S70	S82	S69	TSA3/neg	neg.	neg.	neg.
5.10	TSA4; S71	neg.	neg.	neg.	neg.	neg.	neg.
5.10	S72	S81	S80	siehe S72	neg.	neg.	neg.

* = Supplement
** = mit steriler Ringerlösung angefeuchtet
*** = in Laurylsulfat Tryptose überimpft

positiv

Vermutung auf positiv, da Kolonien optisch identisch

X

Datum	Bemerkungen Sponges			Bemerkungen Swobs			
	"A"	"B"	"C"	"D"	"D LST"	"E"	"E LST"
	neg.	neg.	S83	neg.	S89	neg.	S90
	S85	neg.	S84	neg.	S94	neg.	S95
	S86/2	neg.	neg.	neg.	neg.	neg.	neg.
	neg.	neg.	neg.	neg.	neg.	neg.	neg.
	S93	neg.	S92	neg.	neg.	neg.	S96
	neg.	neg.	neg.	neg.	neg.	neg.	neg.
	neg.	neg.	neg.	neg.	neg.	neg.	neg.
	S88	neg.	S87	neg.	neg.	neg.	S91

positiv

Vermutung auf positiv, da Kolonien optisch identisch

* = Supplement

** = mit steriler Ringerlösung angefeuchtet

*** = in Laurylsulfat Tryptose überimpft

VI.II Biochemische Identifikation api 20 E

Positive Proben sind gelb markiert.

Nummer	erstes Ergebnis auf 20 E	Wahrscheinlichkeit	p/n	zweites Ergebniss auf 32 E	Wahrscheinlichkeit	T-Wert	p/n
1	Enterobacter sakazakii	98,4%					
	Enterobacter cloacae	1,5%					
2	Enterobacter sakazakii	51,1%					
	Enterobacter amnigenus 1	31,7%					
	Enterobacter cloacae	17,0%					
	Enterobacter amnigenus 2	0,1%					
3	Enterobacter cloacae	95,1%		Buttiauxella agrestis	96,1	0,36	
	Enterobacter sakazakii	3,0%		Escherichia vulneris	3,2	0,15	
	Enterobacter cloacae	91,5%					
	Pantoea spp 2	3,3%					
4	Escherichia vulneris	61,5%		Enterobacter sakazakii	99,9	0,92	
	Buttiauxella agrestis	23,6%		Enterobacter cloacae	0,1	0	
	Pantoea spp 4	8,2%					
	Klebsiella pneumoniae ssp ozaenae	4,5%					
	Leclercia adecarboxylata	1,4%					
5	Escherichia vulneris	61,5%					
	Buttiauxella agrestis	23,6%					
	Pantoea spp 4	8,2%					
	Klebsiella pneumoniae ssp ozaenae	4,5%					
	Leclercia adecarboxylata	1,4%					
6	Escherichia vulneris	61,5%					
	Buttiauxella agrestis	23,6%					
	Pantoea spp 4	8,2%					
	Klebsiella pneumoniae ssp ozaenae	4,5%					
	Leclercia adecarboxylata	1,4%					
7	Escherichia vulneris	95,9%					
	Klebsiella pneumoniae ssp ozaneae	3,6%					
8	Escherichia vulneris	61,5%					
	Buttiauxella agrestis	23,6%					
	Pantoea spp 4	8,2%					
	Klebsiella pneumoniae ssp ozaenae	4,5%					
	Leclercia adecarboxylata	1,4%					
9	Escherichia vulneris	61,5%					
	Buttiauxella agrestis	23,6%					

	Pantoea spp 4	8,2%					
	Klebsiella pneumoniae ssp ozaenae	4,5%					
	Leclercia adecarboxylata	1,4%					
10	Enterobacter sakazakii	51,1%					
	Enterobacter amnigenus 1	31,7%					
	Enterobacter cloacae	17,0%					
	Enterobacter amnigenus 2	0,1%					
11	Enterobacter sakazakii	51,1%					
	Enterobacter amnigenus 1	31,7%					
	Enterobacter cloacae	17,0%					
	Enterobacter amnigenus 2	0,1%					
12	Escherichia vulneris	61,5%					
	Buttiauxella agrestis	23,6%					
	Pantoea spp 4	8,2%					
	Klebsiella pneumoniae ssp ozaenae	4,5%					
	Leclercia adecarboxylata	1,4%					
13	Enterobacter sakazakii	98,4%					
	Enterobacter cloacae	1,5%					
14	Enterobacter sakazakii	51,1%					
	Enterobacter amnigenus 1	31,7%					
	Enterobacter cloacae	17,0%					
	Enterobacter amnigenus 2	0,1%					
15	Raoultella ornithinolytica	84,1%		Enterobacter sakazakii	99,9	0,75	
	Enterobacter sakazakii	8,2%		Enterobacter cloacae	0,1		
	serratia odorifera	6,5%					
16	Escherichia vulneris	61,5%					
	Buttiauxella agrestis	23,6%					
	Pantoea spp 4	8,2%					
	Klebsiella pneumoniae ssp ozaenae	4,5%					
	Leclercia adecarboxylata	1,4%					
17	Enterobacter sakazakii	51,1%					
	Enterobacter amnigenus 1	31,7%					
	Enterobacter cloacae	17,0%					
	Enterobacter amnigenus 2	0,1%					
18	Enterobacter amnigenus 1	38,2					
	Enterobacter cloacae	30,9					
	Enterobacter sakazakii	30,7					
	Enterobacter amnigenus 2	0,1					

#	Species	%	Species		
19	Enterobacter sakazakii	51,1%			
	Enterobacter amnigenus 1	31,7%			
	Enterobacter cloacae	17,0%			
	Enterobacter amnigenus 2	0,1%			
20	Enterobacter sakazakii	51,1%			
	Enterobacter amnigenus 1	31,7%			
	Enterobacter cloacae	17,0%			
	Enterobacter amnigenus 2	0,1%			
21	Enterobacter sakazakii	51,1%			
	Enterobacter amnigenus 1	31,7%			
	Enterobacter cloacae	17,0%			
	Enterobacter amnigenus 2	0,1%			
22	Escherichia vulneris	61,5%			
	Buttiauxella agrestis	23,6%			
	Pantoea spp 4	8,2%			
	Klebsiella pneumoniae ssp ozaenae	4,5%			
	Leclercia adecarboxylata	1,4%			
23	Escherichia vulneris	61,5%			
	Buttiauxella agrestis	23,6%			
	Pantoea spp 4	8,2%			
	Klebsiella pneumoniae ssp ozaenae	4,5%			
	Leclercia adecarboxylata	1,4%			
24	Escherichia vulneris	61,5%			
	Buttiauxella agrestis	23,6%			
	Pantoea spp 4	8,2%			
	Klebsiella pneumoniae ssp ozaenae	4,5%			
	Leclercia adecarboxylata	1,4%			
25	Enterobacter sakazakii	51,1%			
	Enterobacter amnigenus 1	31,7%			
	Enterobacter cloacae	17,0%			
	Enterobacter amnigenus 2	0,1%			
26	Enterobacter sakazakii	98,4%			
	Enterobacter cloacae	1,5%			
27	Escherichia vulneris	61,5%	Escherichia vulneris	86,5	0,27
	Buttiauxella agrestis	23,6%	Buttiauxella agrestis	13,4	0,2
	Pantoea spp 4	8,2%	Serratia rubidaea	0,1	0
	Klebsiella pneumoniae ssp ozaenae	4,5%			
	Leclercia	1,4%			

	adecarboxylata					
28	Escherichia vulneris	46,8				
	Klebsiella pneumoniae ssp ozaenae	40,3				
	Buttiauxella agrestis	5,7				
29	Enterobacter sakazakii	51,1%				
	Enterobacter amnigenus 1	31,7%				
	Enterobacter cloacae	17,0%				
	Enterobacter amnigenus 2	0,1%				
30	Enterobacter amnigenus 1	55,9	Enterobacter skazakii	99,9	0,92	
	Kluyvera spp	40,9	Enterobacter cloacae	0,1		
	Enterobacter cloacae	1,2				
31	Enterobacter sakazakii	97,3				
	Enterobacter cloacae	2,6				
32	Escherichia vulneris	61,5%				
	Buttiauxella agrestis	23,6%				
	Pantoea spp 4	8,2%				
	Klebsiella pneumoniae ssp ozaenae	4,5%				
	Leclercia adecarboxylata	1,4%				

VI.III Biochemische Identifikation api 32 E

Positive Proben sind gelb markiert.

Nummer	erstes Ergebnis	Wahrscheinlichkeit	T-Wert	p/n	zweites Ergebnis	Wahrscheinlichkeit	T-Wert	p/n
3/2	Buttiauxella agrestis	96,1	0,36					
	Escherichia vulneris	3,2	0,15					
5/2	Enterobacter skazakii	99,9	0,92					
	Enterobacter cloacae	0,1	0					
16/2	Enterobacter skazakii	99,9	0,75					
	Enterobacter cloacae	0,1						
28/2	Escherichia vulneris	86,5	0,27					
	Buttiauxella agrestis	13,4	0,2					
	Serratia rubidaea	0,1	0					
31/2	Enterobacter skazakii	99,9	0,92					
	Enterobacter cloacae	0,1	0					

Nummer	erstes Ergebnis	Wahrscheinlichkeit	T-Wert	p/n	zweites Ergebnis	Wahrscheinlichkeit	T-Wert	p/n
34	Enterobacter sakazakii	99,9	0,71					
	Aeromonas hydrophila/caviae/sobria	0,1						
35	Enterobacter skazakii	99,9	0,92					
	Enterobacter cloacae	0,1	0					
36	Enterobacter skazakii	99,9	0,92					
	Enterobacter cloacae	0,1	0					
37	Enterobacter skazakii	99,9	0,92					
	Enterobacter cloacae	0,1	0					
38	Enterobacter skazakii	99,9	0,63					
	Enterobacter cloacae	0,1	0					
39	Enterobacter skazakii	99,9	0,46					
	Enterobacter cloacae	0,1	0					
40	Buttiauxella agrestis	12,5	0,35					
	Escherichia vulneris	87,3	0,42					
41	Enterobacter skazakii	99,9	0,92					
	Enterobacter cloacae	0,1	0					
42	Enterobacter skazakii	99,9	0,92					
	Enterobacter cloacae	0,1	0					
43	Escherichia vulneris	86,5	0,27					
	Buttiauxella agrestis	13,4	0,2					
	Leclercia adecarboxylata	0,1	0					
44	Enterobacter sakazakii	99,9	0,67					
	Aeromonas hydrophila/caviae/sobria	0,1	0					
45	Enterobacter skazakii	99,9	0,92					
	Enterobacter cloacae	0,1	0					
46	Enterobacter skazakii	99,9	0,75					
	Enterobacter cloacae	0,1	0					
47	Enterobacter skazakii	99,9	0,92					
	Enterobacter cloacae	0,1	0					
48	Escherichia vulneris	57,6	0,34	48/2	Enterobacter skazakii	99,9	0,5	
	Buttiauxella agrestis	42,3	0,35		Enterobacter cloacae	0,1	0	
	Pantoea spp 3	0,1	0					
49	Enterobacter skazakii	99,9	0,92					
	Enterobacter cloacae	0,1	0					
50	Escherichia vulneris	39,5	0,27	50/2	Escherichia vulneris	55,6	0,68	
	Enterobacter skazakii	36,8	0,27		Buttiauxella agrestis	44,2	0,7	
	Enterobacter cloacae	23,1	0,31		Leclercia adecarboxylata	0,1	0,27	
	Enterobacter amnigenus	0,3	0,05					

Nr.	Spezies	%	T	Nr.	Spezies	%	T
51	Escherichia vulneris	57,6	0,59	51/2	Escherichia vulneris	57,6	0,59
	Buttiauxella agrestis	42,3	0,6		Buttiauxella agrestis	42,3	0,6
	Pantoea spp 3	0,1	0,15		Pantoea spp 3	0,1	0,15
52	Enterobacter skazakii	99,9	0,92				
	Enterobacter cloacae	0,1	0				
53	Escherichia vulneris	55,6	0,68	53/2	Buttiauxella agrestis	89,7	0,46
	Buttiauxella agrestis	44,2	0,7		Escherichia vulneris	10,1	0,31
	Leclercia adecarboxylata	0,1	0,27				
54	Enterobacter skazakii	99,9	0,92				
	Enterobacter cloacae	0,1	0				
55	Enterobacter skazakii	99,9	0,75				
	Serratia rubidaea	0,1	0				
56	Escherichia vulneris	54,9	0,21	56/2	Escherichia vulneris	55,6	0,31
	Buttiauxella agrestis	40,3	0,22		Buttiauxella agrestis	44,2	0,32
	Enterobacter skazakii	4,3	0,08		Enterobacter skazakii	0,1	0
	Aeromonas hydrophila/caviae/sobria	0,3	0,13				
57	Buttiauxella agrestis	89,6	0,21	57/2	Escherichia vulneris	55,6	0,68
	Escherichia vulneris	10,1	0,06		Buttiauxella agrestis	44,2	0,7
	Leclercia adecarboxylata	0,1	0		Leclercia adecarboxylata	0,1	0,27
58	Enterobacter skazakii	99,9	0,54				
	Enterobacter cloacae	0,1	0				
59	Escherichia vulneris	86,5	0,52				
	Buttiauxella agrestis	13,4	0,45				
60	Enterobacter skazakii	99,9	0,54				
	Enterobacter cloacae	0,1	0				
61	unzulässiges Profil			61/2	Escherichia vulneris	86,5	0,52
					Buttiauxella agrestis	13,4	0,45
62	Enterobacter skazakii	99,9	1				
	Enterobacter cloacae	0,1	0				
63	Enterobacter skazakii	99,9	0,75				
	Serratia rubidaea	0,1	0				
64	Enterobacter skazakii	99,9	0,6				
	Enterobacter cloacae	0,1	0				
65	Enterobacter skazakii	99,9	0,92				
	Enterobacter cloacae	0,1	0,11				
66	Enterobacter skazakii	99,9	1				
	Enterobacter cloacae	0,1	0				
67	Escherichia vulneris	86,5	0,52				
	Buttiauxella agrestis	13,4	0,45				
68	Buttiauxella agrestis	55,6	0,68				
	Escherichia vulneris	44,2	0,7				
	Leclercia adecarboxylata	0,1	0,27				
69	Escherichia vulneris	86,5	0,52				
	Buttiauxella agrestis	13,4	0,45				
70	Buttiauxella agrestis	55,6	0,68				
	Escherichia vulneris	44,2	0,7				
	Leclercia adecarboxylata	0,1	0,27				
71	Enterobacter skazakii	99,9	1				
	Enterobacter cloacae	0,1	0				
72	Escherichia vulneris	57,6	0,59				
	Buttiauxella agrestis	42,3	0,6				
	Pantoea spp 3	0,1	0,15				
73	Buttiauxella agrestis	99,2	0,24				
	Escherichia vulneris	0,6	0				

74	Escherichia vulneris	55,6	0,31				
	Buttiauxella agrestis	44,2	0,32				
	Leclercia adecarboxylata	0,1	0				
75	Enterobacter skazakii	99,9	0,77				
	Enterobacter cloacae	0,1	0,35				
76	Escherichia vulneris	54,9	0,21				
	Buttiauxella agrestis	40,3	0,22				
	Enterobacter skazakii	4,3	0,08				
77	Enterobacter skazakii	99,9	0,75				
	Serratia rubidaea	0,1	0				
78	Enterobacter skazakii	99,9	0,75				
	Enterobacter cloacae	0,1	0,22				
79	Enterobacter skazakii	99,9	0,81				
	Enterobacter cloacae	0,1	0				
80	Buttiauxella agrestis	99,2	0,24				
	Escherichia vulneris	0,6	0				
81	Enterobacter skazakii	99,9	1				
	Enterobacter cloacae	0,1	0				
82	Escherichia vulneris	86,5	0,52				
	Buttiauxella agrestis	13,4	0,45				
83	Enterobacter skazakii	99,9	1				
	Enterobacter cloacae	0,1	0				
84	Enterobacter skazakii	99,9	1				
	Enterobacter cloacae	0,1	0				
85	Enterobacter skazakii	99,9	0,81				
	Enterobacter cloacae	0,1	0				
86	Buttiauxella agrestis	55,6	0,43	86/2	Buttiauxella agrestis	55,6	0,68
	Escherichia vulneris	44,2	0,45		Escherichia vulneris	44,2	0,7
	Leclercia adecarboxylata	0,1	0,02		Leclercia adecarboxylata	0,1	0,27
87	Enterobacter skazakii	99,9	1				
	Enterobacter cloacae	0,1	0				
88	Enterobacter skazakii	99,9	1				
	Enterobacter cloacae	0,1	0				
89	Enterobacter skazakii	99,9	1				
	Enterobacter cloacae	0,1	0				
90	Enterobacter skazakii	99,9	0,76				
	Enterobacter cloacae	0,1	0				
91	Enterobacter skazakii	99,9	0,92				
	Enterobacter cloacae	0,1	0				
92	Enterobacter skazakii	99,9	0,75				
	Enterobacter cloacae	0,1	0				
93	Enterobacter skazakii	99,9	0,83				
	Enterobacter cloacae	0,1	0				
94	Enterobacter skazakii	99,9	1				
	Enterobacter cloacae	0,1	0				
95	Enterobacter skazakii	99,9	1				
	Enterobacter cloacae	0,1	0				
96	Enterobacter skazakii	99,9	0,75				
	Enterobacter cloacae	0,1	0